前　言

　　天气连着千家万户，气候系着各行各业。工程施工多为露天作业，天气气候条件严重制约着施工质量和进度，更影响着施工人员的生命和财产安全。随着社会经济的不断发展，极端天气气候事件不断增多，突发性气象灾害问题变得更为显著，工程施工的安全面临着越来越严重的威胁和挑战。

　　事实上，施工现场因不利气象条件引发的事故时有发生。2000年3月27日的8级大风将北京市安翔里小区在二层楼顶施工的7名工人吹离工作平台，造成3人死亡、4人受伤。2011年6月3日下午4时左右，广东省佛山市顺德区容桂镇高黎社区英宝路东街一在建民宅工地的简易工棚（四周比较空旷）被雷击中，在工棚内避雨的8名工人有6人遭雷击，4人不幸死亡。2012年7月29日，笼罩在39.9 ℃高温下的西安市未央区东风路的未央区农村信用社住宅楼建筑工地，一位农民工突然中暑倒地，身体抽搐继而死亡。

　　对于突发气象灾害事件的防范，一是预警，二是避险，三是应急，四是保险。凡事预则立，不预则废。我们编写《工地气象灾害避险指南》，旨在使工程管理部门和施工单位，特别是身处工地现场的施工人员了解气象灾害及应急避险和自救互救方法，从而提高防灾、减灾意识与应急处置和自我保护能力。期望这本小册子能为科学、高效、有序地开展工程建设防御气象灾害工作，最大程度减少人员伤亡和经济损失提供参考；期望这本小册子能"助"您平安、健康，从容应对可能降临的灾害，能给您和您的家庭带来安全与祥和，为构建和谐社会起到一点作用。

　　一次次成功抗灾避险事迹启示我们，要使整个施工过程安全，一是要发挥政府统一指挥和协调的作用；二是要建立完备的突发灾害事件预警机制；三是要动员一切可发挥的社会力量。

　　正是：未雨绸缪远胜于亡羊补牢。

目 录

前言

一、认识灾害

1.什么是气象灾害

气象灾害是指大气运动和演变对人类生命财产和国民经济及国防建设等造成的直接或间接损害。

2.气象灾害的特点

(1)种类繁多，不仅包括台风、暴雨、冰雹、大风、雷暴、暴风雪等天气灾害，还包括干旱、洪涝、持续高温、雪灾等气候灾害，土地沙漠化、山体滑坡、泥石流、雪崩、病虫害、海啸等气象次生灾害或衍生灾害也时有发生。此外，与气象条件密切相关的环境污染、海洋赤潮、重大传染性疾病、有毒有害气体泄漏扩散、火灾等也成为影响人们生活和安全的重要问题。

(2)发生频率高，无论古代，还是现代，一年四季都可能出现。

(3)分布范围广，无论平原高山，还是江河湖海，甚至空中，世界各地处处会有它的踪迹。

(4)群发性强，连锁反应显著，造成的灾情往往十分严重。

预警信息获取电话：12121　96121

1

3.气象对施工的影响

工程施工大多在露天进行，明显地受天气气候条件的影响，特别是高层建筑的发展，使高空吊装、混凝土灌注以及塔吊运输等无不受风、雨雪、雷电等的影响，建筑业四大伤害事故（高空坠落、物体打击、触电伤亡、机械损伤）的发生，在一定程度上都与不利气象条件有关。

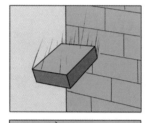
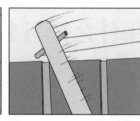

（1）易受气象条件影响的工地部位和设施

临建设施，如宿舍（特别是简易工棚）、食堂、办公用房、厕所及砖砌围挡墙等。

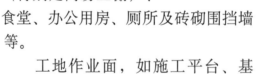

工地作业面，如施工平台、基坑、道路。

施工设施，如脚手架、安全网、车辆。

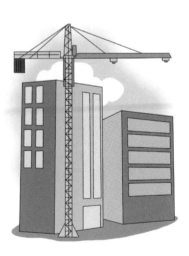

建筑机械设备，如塔吊及垂直运输机械、龙门架、气电焊等。

施工现场供电设备和临时水源。

建筑材料及其存放处，如混凝土、沙子、钢筋、木料等。

(2)气象条件对施工的影响

对于露天施工，主要是风、降水、温度、湿度等对施工质量和进度以及人身安全影响较大。

风：大于3级的风，会使钢筋左右摇摆而无法对头焊接；风力大于4级，砌墙时因拉线不直，会砌出弧度。高100～150米的塔吊，在地面刮4级以上的风时就会抖动，使吊臂失控；遇5级以上的风，就要停止塔吊作业。

降水：10毫米以下的小雨，会使混凝土强度降低。冒大雨浇注混凝土会因遭冲刷而遗留施工缝。积雪在2～3毫米时，易在打完的混凝土中形成水层，影响混凝土强度，降低质量。积雪在1毫米以上，在脚手架上高空作业易打滑，结冰天气时高空作业打滑更为严重。

温度：气温在-3℃以下，砂浆受冻而无法砌砖。在-20℃以下，钢筋易发生脆断。气温如果高于30℃，混凝土因水化作用时间缩短，会变形断裂。

湿度：当相对湿度小于90%时，混凝土养护中蒸发加快，影响浇注质量。水泥的保管对空气湿度要求较高，当空气湿度大时，特别是在雨季，极易受潮而产生硬结现象，严重时甚至不能使用。

二、减灾对策

1.减轻气象灾害损失的主要原则

在"预防为主，防抗结合"的方针指导下，我国劳动人民在与气象灾害的长期斗争中积累了不少经验，可概括为"三原则"和"九字诀"。

三原则：灾前防，灾中抗，灾后救

灾前防——未雨绸缪：指根据气象灾害的前兆，气象部门做出气象灾害的预报预警，施工单位和相关部门有针对性地制定防灾对策，落实防灾措施。还包括增强人们防灾意识和软硬件工程建设工作。

灾中抗——应急避险：指在灾害发生时，根据抗灾决策和措施及时采取抗灾行动，以及个人采取的各种应急避险措施。

灾后救——伤害急救：指气象灾害发生以后施工单位和相关部门迅速开展灾情调查评估、筹款筹物实施救济、恢复生产等工作，特别是在气象灾害发生以后（包括灾害期间），对由灾害给人体造成伤害的及时互救和自救。

九字诀：学、备、听、查、断、抗、救、保、演

一是**学**。平时要了解各种气象灾害并学习其避险知识。

二是**备**。除了生活用品和急救药品的储备外，工地必须做好防暑、防雨（雪）、防冻、防风沙、防雷电、防火等物资器材的准备。夏季要准备的施工防水防汛材料和机械设备主要包括潜水泵、污水泵、编织袋、塑料布、塑料薄膜、绝缘鞋、绝缘手套、草袋子、排水胶管、沙袋（灌沙）、彩条布等；冬季要进行煤、草帘、席子及各种附加剂、防冻剂等的现场储备。尤其要增强防灾心理素质和乐观的抗灾意识，还要选好避灾的安全场所。

三是**听**。通过多种渠道，如电视、广播、"96121"电话、手机短信等，及时收听（收看）各级气象部门发布的气象灾害预警信息，不可听信谣传，也要注意个人言行的社会影响。

四是**查**。对易受气象条件影响的工地部位和设施，如宿舍、围墙、脚手架、塔吊、施工用电梯、井字架、基坑、临时施工用电等进行全面的安全检查，以确定是否存在安全隐患。如有，要及时整改。

　　五是**断**。灾害一旦发生，首先要切断可能导致次生灾害的电、煤气、水等灾源。

　　六是**抗**。灾害一旦发生，工地管理部门和负责人立即组织现场工人，进行避险抗灾，比如排除基坑积水、加固脚手架等。

　　七是**救**。灾害发生后，积极进行自救和互救，特别是要利用准备好的药品，及时对受伤、生病者进行救助；还要做好卫生防疫工作。

　　八是**保**。除了个人保护外，还应利用防灾保险，比如人身意外伤害保险、财产责任保险等，以减少个人和施工单位的经济损失。

　　九是**演**。施工建设单位根据本地区气象灾害特点，与相关部门配合制定气象灾害应急避险预案，在气象灾害频发季节到来之前，检查措施落实情况，并组织施工人员进行防灾演习。

2.施工期的选择和注意要点

最佳施工期的选择

　　最佳施工期应该是风和日丽的干季，即施工一要避开雨季，二要避开高温时段。实际上，就工程进度而言，施工不可能完全集中在这样的时期内。

　　施工季节的划分，一般以日平均气温为基础，5～23 ℃最适宜施工。冬季施工以连续5天日平均气温低于5 ℃为标准，夏季施工以连续5天日平均气温超过23 ℃为标准，冬、夏季施工都必须采取相应的安全保障措施。

　　另外，有了最佳季节的时限，最好再确定各个季节各种危害施工天气的可能出现时段，从而在施工中可以有效地避开对天气敏感的危险时段。

夏季安全施工要领

夏季高温，多雷电、暴雨，这使得夏季成为施工生产事故高发时段。针对夏季天气气候特点以及施工作业人员易疲劳、易中暑、易发生事故的情况，主要采取防暴雨、防雷电、防高温、防食物中毒、防火、防坍塌、防意外伤害等措施，确保夏季施工安全。比如，当日最高气温大于35℃，14—18时避免露天作业，现场采取防暑降温措施；若大于40℃，11—19时应停止露天作业。

冬季安全施工要领

冬季严寒，多大风天气，使得冬季成为施工生产事故高发时段。针对冬季天气气候特点，冬季安全施工主要以防冻、防滑、防火、防煤气中毒、防土方坍塌、防意外伤害等工作为重点。比如，气温小于5℃，高空作业人员宜佩戴防护手套、穿防滑鞋；室外电缆作业应在气温-5℃以上进行，否则应通电加热才能施工；遇大雪，应停止一切施工。

三、预警与报警

1.气象灾害预警信号的发布

根据《中华人民共和国气象法》，2007年6月12日中国气象局发布第16号令《突发气象灾害预警信号发布与传播办法》，规定发布预警信号的气象灾害分为台风、暴雨、暴雪、寒潮、大风、沙尘暴、高温、干旱、雷电、冰雹、霜冻、大雾、霾、道路积冰等十四类。

预警信号总体分为四级（Ⅳ、Ⅲ、Ⅱ、Ⅰ级），分别代表一般、较重、严重和特别严重。根据不同的灾种特征、预警能力等，确定不同灾种的预警分级及标准。当同时出现或预报可能出现多种气象灾害时，可按照对应标准同时发布多种预警信号。

2.气象灾害预警信号的识别和使用

四级预警信号按照灾害的严重性和紧急程度，依次用蓝色、黄色、橙色和红色表示，加上该种天气现象符号，同时以中英文标识。

气象灾害事件的危害程度、紧急程度、发展态势越来越严重

IV级
(蓝色)

预计将要发生一般（IV级）以上突发气象灾害事件，事件即将临近，事态可能会扩大。开始做防灾准备。示例见右。

台风蓝色预警信号

III级

预计将要发生较大（III级）以上突发气象灾害事件，事件已经临近，事态有扩大的趋势。落实防灾措施。示例见右。

II级
(橙色)

预计将要发生重大（II级）以上突发气象灾害事件，事件即将发生，事态正在逐步扩大。做好应急抢险预案启动准备。示例见右。

暴雪橙色预警信号

I级
(红色)

预计将要发生特别重大（I级）以上突发气象灾害事件，事件会随时发生，事态正在不断蔓延。随时准备启动应急抢险预案。示例见右。

雷电红色预警信号

3.气象灾害预警信号的获得

(1)拨打气象热线电话"4006000121"或者自动答询电话"12121"、"96121"，或者向当地气象台咨询。

4006000121

(2)通过电视、广播、报纸、互联网、手机短信等手段获得预警信息。

雷电橙色预警：预计未来2小时，岳阳南部、张家界有雷电活动发生。请加强防范。

(3)查看预警信号警示装置，如警示牌、警示旗、警示灯等。

(4)登陆气象网站，如www.cma.gov.cn、www.weather.com.cn等专业气象网站。

当你通过各种媒体获得这类信息后就要引起注意。如果是黄色以上预警信号，更要高度警惕，做好各种避险准备。当出现橙色和红色预警信号时，建议现场施工，特别是高空、水上作业应立即停止；在工棚中休息人员应迅速离开，到安全地带暂避一下，或等待救援。

4.如何拨打报警电话

遇到气象灾害危及生命财产安全时，或者遇到其他紧急情况时，可马上拨打紧急报警电话"110"、"119"、"120"等求助。"110"是匪警求助电话，"119"是火警报警电话，"120"是医疗救护电话。

拨打这三个电话，不用拨区号并免收电话费；投币、磁卡电话不用投币、插磁卡。拨通报警电话后，应首先确认拨打是否正确。一旦确认，请立即说清楚灾害事故或求助的确切地址，说清自己的姓名和联系电话，以便相关部门与你保持联系。

切记：拨打报警电话要严肃，不要开玩笑或因好奇而随便拨打。

应急避险 报警求助电话"110 119 120

5.怎样施放求救信号

　　当工地灾情严重且无法脱险时，应马上利用电信手段如手机，迅速向有关部门或单位报告遇灾情况并请求救助。在没有无线电通信设备的情况下，可以利用施工现场或随身携带的物件及时发出易被察觉的求救信号。

　　(1)**光信号**：白天用镜子借助阳光，向求救方向，如空中的救援飞机反射间断的光信号；夜晚用手电筒，向求救方向不间断地发射求救信号。国际通用的求救光信号，每分钟闪照6次，停顿一分钟后，重复同样信号。

　　(2)**声响信号**：采取大声喊叫、吹响哨子或猛击脸盆等方法，向周围发出声响求救信号。国际通用的求救哨声，每分钟响6次，停顿一分钟后，重复同样信号。

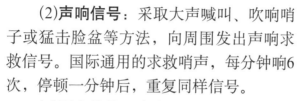

　　(3)**烟火信号**：在白天，可燃烧潮湿的植物，形成浓烟。在夜间，燃烧干柴，发出火焰。

　　(4)**颜色信号**：穿颜色鲜艳的衣服，戴一顶颜色鲜艳的帽子；或者摇动色彩鲜艳的物品，如彩旗、用色彩鲜艳的布包裹的棒子等，向周围发出求救信号。

　　(5)**"SOS"字母信号**：在比较平坦的地方（如工棚平顶屋顶）用石头或衣服等物品堆砌成"SOS"或其他求救字样，字母越大越好。"SOS"为国际通用求救符号。

预警信息获取电话：12121 96121

四、工地常见气象灾害应急避险要领

1.暴雨

知识窗

我国气象部门规定，24小时降水量为50毫米或以上的雨叫暴雨。按降雨强度大小分为三级。

等 级	24小时降水量
暴雨	50～100毫米
大暴雨	100～250毫米
特大暴雨	250毫米以上

暴雨来临时，往往乌云密布，或雷鸣电闪，或狂风大作。暴雨来势迅猛，能引起江河泛滥，常常冲毁堤坝、房屋、道路、桥梁，亦能引起山洪暴发、泥石流和山体滑坡，造成严重的生命财产损失。

避险要点

(1)露天作业立即停止，特别严禁土石方工程施工和登高作业。
(2)临建房屋（工棚、办公用房）如属危旧，应马上撤出。
(3)妥善安置易受暴雨影响的室外物品，如盖好建筑材料。
(4)及时清理排水管道，保持施工现场特别是基坑的排水畅通。
(5)如工地被洪水包围，尽快与当地防汛部门联系，报告自己的方位和险情，积极寻求救援。

(6)不可攀爬带电的电线杆，也不要爬到工棚屋顶。

(7)在施工现场，千万不要在脚手架、塔吊、广告牌、围墙、大树等附近避雨。

(8)如遇上打雷，则要采取防雷措施。

(9)做好施工现场的防汛工作：

● 重点是宿舍区、设备停放地、材料加工储存地、预制厂等的防汛抢险工作。

● 对可能出现水毁的地方，事前采取预防性处理措施，如清除上边坡险石险方、疏通河道及桥涵、维修加固破损的挡墙等。

● 如发生边坡塌方落石、挡墙险情时，可用较大体积的铅丝、石笼和大体积块石沉至墙基进行防护。

(10)暴雨天气下不得进行脚手架的搭设和拆除。

(11)灾后做好环境卫生及食物、饮用水的消毒工作。

特别提示

(1)密切注意夜间的暴雨，提防破旧工棚倒塌伤人。

(2)不要在下大雨时骑自行车，过马路要小心，留心积水深浅。

(3)雨天开车切记不要走不熟悉的积水路面。如在低洼处抛锚，千万不要在车上等候，立即下车到高处等待救援。若车辆在行驶途中不慎被水淹没，必要时应用钝器果断敲击车窗四角以逃生。

预警信息获取电话：12121 96121

2.台风

知识窗

台风是发生在热带海洋上的空气大涡旋，伴有狂风、暴雨、恶浪，是气象灾害中破坏力最大的灾害之一。

台风是热带气旋之一，热带气旋分为6个等级，如下表所示。

热带气旋分级

等 级	底层中心附近最大风力	海上或陆上征象
热带低压	6～7级	大树摇动
热带风暴	8～9级	微枝折断
强热带风暴	10～11级	树木拔起
台风	12～13级	陆上极罕见海浪滔天
强台风	14～15级	
超强台风	16级及以上	

台风可引起房屋坍塌、海堤决口，造成泥石流、滑坡及山洪灾害，破坏交通、通讯、电力设施，如不及时躲避，会造成极大的人员伤亡。我国东南沿海地区工程施工以及海上作业（比如钻探平台施工、船舶建造或修理）更要注意防范。

避险要点

(1)露天，特别是高空、水上作业应立即停止，做好人员疏散。

(2)关紧临建房屋（比如工棚、办公用房）门窗，如其不牢固，或已属危旧，应马上撤出。

(3)加固易被台风吹动的搭建物，如脚手架、塔吊。

(4)妥善安置易受台风影响的室外物品，如盖好建筑材料。

(5)及时清理排水管道，保持施工现场排水畅通。

(6)如又遇上打雷，则要采取防雷措施。

(7)灾后做好环境卫生及食物、饮用水的消毒工作。

特别提示

(1)强台风风力减小后，一定要在房子里或原先的藏身处多待一段时间，因为此时可能是台风眼经过，后面还会有狂风暴雨。

(2)在施工现场，千万不要在脚手架、塔吊、广告牌、围墙、大树等附近避风避雨。

(3)在水面上的施工人员，应立即上岸避风避雨。

(4)如果你已经在结实的房屋里，则应关好窗户，在窗玻璃上用胶布贴成"米"字图形，以防窗玻璃破碎。

小贴士

台风中心一般为风小、晴空的好天气，直径只有几十千米，称为台风眼，其周围是大风、暴雨区。因此，在台风眼经过时，会有时间比较短暂的风小、少雨阶段。但是，过后仍然会有一段时间的狂风暴雨，切记此时应继续留在安全处避风。

3.大风

知识窗

风力达到或超过8级的风称为大风，它能吹翻脚手架、塔吊，折断电杆，拔树倒房，还能引起风暴潮，助长火灾等。

避险要点

(1)露天作业立即停止，做好人员疏散，特别是严禁登高施工。

(2)关紧临建房屋（比如工棚、办公用房）门窗，如其不牢固，或已属危旧，应马上撤出。

(3)加固易被大风吹动的搭建物，如脚手架、塔吊。

(4)妥善安置易受大风影响的室外物品，如盖好建筑材料。

(5)在施工现场，千万不要在脚手架、塔吊、广告牌、围墙、大树等附近避风。

(6)停放车辆要远离大树、脚手架、塔吊、广告牌、围墙。

(7)大风天气下不得进行脚手架的搭设和拆除。

4.龙卷风

知识窗

龙卷风是一种像漏斗一样从强烈发展的积雨云中伸向地面的小范围强烈旋风，会伴有狂风暴雨、雷电或冰雹。常在夏季的雷雨天气时出现，尤以下午至傍晚最为多见。龙卷风经过的地方，常会掀翻车辆、摧毁建筑物，有时会把人吸走。

避险要点

除依据大风避险要点做好龙卷风的防范外，还应注意以下几点：

(1)在室内，务必远离门、窗和房屋的外围墙壁。

(2)在楼房，有地下室的，最好转移至地下室；无地下室的，应立即转移到一楼，暂避到比较坚固的桌子底下，抱头蹲下。

14

（3）在室外，要远离大树、脚手架、塔吊、电线杆，就近寻找低洼地面趴下。

（4）如正在驾车，千万不能开车躲避，也不要在汽车中躲避。立即离开汽车，到路旁的低洼地暂避。

5.冰雹

知识窗

冰雹是从强烈发展的积雨云中降落到地面的固体降水物，小如豆粒，大若鸡蛋、拳头。冰雹突发性强，往往伴有雷雨大风，可损坏财物、危及人身安全。

避险要点

（1）如临建房屋（如工棚）不牢固，或属危旧，应马上撤出。

（2）立即停止露天作业，到房内暂避。

（3）如未戴安全帽，可就近找木板或盆、筐一类器具顶在头上，以防被冰雹砸伤。

（4）在施工现场，要远离脚手架、塔吊、广告牌、大树等。

（5）加固易受冰雹影响的搭建物，如模板、脚手架、塔吊。

（6）妥善安置易受冰雹影响的室外物品，特别是要盖好建筑材料。

（7）车辆最好不要露天停放。

（8）在做好防雹准备的同时，要做好防雷电的准备。

预警信息获取电话：12121 96121

6.雷电

知识窗

雷电是发生于积雨云云内、云与云、云与地、云与空气之间的击穿放电现象，伴有强烈的闪光和隆隆的雷声。雷电所形成的强大电流、炽热的高温、大量的电磁辐射以及伴随的冲击波，可危害建筑设施以及人身安全。

室外避雷要点

(1)露天作业立即停止，特别是严禁登高施工。

(2)迅速躲入有防雷设施保护的房屋内，汽车是躲避雷击的理想地方。

(3)远离树木、电线杆、脚手架、塔吊、广告牌等尖耸、孤立的物体，要绝对远离输电线。

(4)检查塔吊、电梯等设施的防雷装置是否完好。

(5)检查各种露天使用的电气设备、配电箱的防雨措施落实情况。

(6)雷雨天不得进行露天电焊作业，有雷电时建议停止施工。

(7)雷雨天气下不得进行脚手架的搭设和拆除。

(8)在施工现场找一低处蹲下，双脚并拢，手放膝上，身向前屈。

(9)在施工现场不宜打伞，不宜把金属物品扛在肩上。

(10)不宜开摩托车、骑自行车赶路，打雷时切忌狂奔。

(11)如有人遭受雷击，要及时报警，同时为其做抢救处理。

室内避雷要点

(1)一定要关好门窗。尽量远离门窗、阳台和外墙壁。

(2)在室内不要靠近，更不要触摸任何金属管线，包括水管、暖气管、煤气管等。

(3)在房间里最好不要使用任何家用电器。建议拔掉所有电源。

(4)雷雨天不要使用太阳能热水器洗澡。

(5)发生雷击火灾时，要赶快切断电源，不要在未断电的情况下泼水救火，应使用干粉灭火器等专用灭火器灭火。迅速拨打"119"电话报警。

特别提示

(1)要远离可能遭受雷击的场所。

(2)设法使自己及随身携带的物品避免成为引雷的对象。

(3)打雷时，大家不要集中在一起或者牵手在一起。

7.雾和霾

知识窗

　　雾是悬浮在贴近地面大气中的微小水滴或冰晶，使水平能见度降到1000米以下的天气现象。霾是指大量极细微的干性颗粒物等均匀地浮游在空中，使水平能见度降到10千米以下的天气现象。

预警信息获取电话：12121　96121

按水平能见度大小，将雾划分为雾、浓雾和强浓雾三个等级。

等级	水平能见度
雾	0.5~1千米
浓雾	50~500米
强浓雾	不足50米

出现雾霾天气时，室外能见度低，工地现场视线模糊，易引发撞车、砸人、砸物等施工事故；还会引发空气污染，危害人体健康。

避险要点

(1)尽量避免高空作业，视施工现场的能见度情况确定是否停工。

(2)对建筑材料，特别是水泥，要采取覆盖措施。

(3)临建用房，比如工棚，在雾霾天的早晨不宜开窗通风。

(4)建议呼吸道不适者在进入工地时戴口罩，回屋后及时清洁面部。

(5)建议不要在雾霾天气时进行室外锻炼。

雾天驾车注意事项

(1)特别注意收听天气预报。

(2)"慢"字当头，控制车速。与前车保持足够的制动距离，慢速行驶，切忌开快车。

(3)打开前、后雾灯。如果没有雾灯，可开近光灯，但别开远光灯。

18

(4)勤按喇叭，警告行人和车辆。

(5)及时除雾，切忌边走边擦。

(6)停车时，紧靠路边停车，最好驶到路外，打开危险报警闪光灯，千万不要坐在车上。

8.沙尘暴

知识窗

　　强风将本地或外地地面尘沙吹到空中，使空气浑浊，水平能见度低于1000米的天气现象叫沙尘暴。沙尘天气分为五类，如下表所示。

等　级	标　准
浮尘	水平能见度小于10千米
扬沙	水平能见度 1～10千米
沙尘暴	水平能见度 0.5～1千米
强沙尘暴	水平能见度 50～500米
特强沙尘暴	水平能见度小于50米

　　它所到之处，风沙弥漫，通过沙埋、大风袭击和污染大气环境等影响施工质量和进度。

避险要点

(1)立即停止露天作业，做好人员疏散。

预警信息获取电话: 12121 96121

(2)关紧临建房屋门窗，可用胶条对窗户进行封闭。

(3)如临建房屋（如工棚）不牢固，或属危旧，应马上撤出。

(4)加固易被强风吹动的搭建物，如脚手架、塔吊。

(5)妥善安置易受风沙天气影响的室外物品，如盖好建筑材料。

(6)在施工现场，要远离脚手架、塔吊、广告牌、大树等。

(7)停放车辆要远离大树、脚手架、塔吊、广告牌等。

(8)如果必须外出，最好穿戴防尘的衣服、手套、面罩、眼镜等物品。回房后应及时清洗面部。

特别提示

(1)待在室内，最好是地下室。

(2)尽量减少外出。如必须外出，尽量避免骑自行车。

(3)不得进行脚手架的搭设和拆除。

9.高温

知识窗

高温是指日最高气温达35℃以上的天气现象，达到或超过37℃以上时称酷暑。连续高温热浪，使人们生理、心理不能适应，甚至引发疾病或死亡，还会使用水、用电量急剧上升，从而影响施工进度。

一般来说，夏天，特别是在三伏天里，如果连续几天晴空且无风或微风，感觉很闷热，就可能是高温天气，要考虑采取降温防署措施。

避险要点

(1)合理安排作息时间，尽量避开中午高温时段作业。

(2)施工现场要有必要的饮料和防暑药品。

(3)如施工人员感到不适，或者中暑，应迅速停止作业，到阴凉处休息，使其降温。对经处理无好转而症状严重的，应迅速拨打"120"。

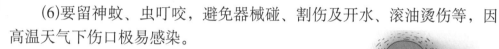

(4)临建房屋应安装空调、电扇。

(5)不宜在树下或露天睡觉，适当晚睡早起，中午宜午休。

(6)要留神蚊、虫叮咬，避免器械碰、割伤及开水、滚油烫伤等，因高温天气下伤口极易感染。

(7)要正确使用和存放压力容器，如气焊、气割用的气瓶等，不可使其长时间受烈日暴晒。

(8)高温天气下不得进行脚手架的搭设和拆除。

(9)要特别注意防火。

特别提示

(1)选择吸汗、宽松、透气的衣服，注意勤洗勤换。

(2)不过度食用冷饮，不喝生水。注意饮食卫生。

(3)白天关好门窗，拉上窗帘，晚上可开窗通风降温。

(4)不要长时间在烈日下作业，适当增加到阴凉处休息的次数。

(5)浑身大汗时，不宜立即用冷水洗澡，应先擦干汗水，稍事休息后再用温水洗澡。

(6)空调、电扇不能直接对着头部或身体的某一部位长时间吹。

(7)教育施工人员不能因为炎热在施工过程中放弃穿戴防护用品。

炎热夏季行车安全四个"二"

四个"二"即"二保"、"二不"、"二防"、"二莫"。

二保：一保良好睡眠，头脑清醒不犯困。二保平常心态，可免情绪不稳、火冒三丈。不妨行车中播放点使心情舒畅的音乐。

二不：一是"病车"不上路。出门前检查一下车的制动、水箱、轮胎等，以防路上水箱"开锅"、发动机"粘缸"、爆胎、电路受潮短路等"不愉快"的事情发生。二是不带易燃物。车停放在烈日下时，千万别把打火机等放在车里，特别是仪表台上。

二防：一是晴天防"虚光"。夏季沥青路面被阳光暴晒后容易产生"虚光"，司机可以戴上浅色墨镜，但不宜戴颜色太深的墨镜。二是雨天防打滑。途中遇上暴雨时应减速行驶，与行人、车辆保持足够的安全距离，切忌猛打方向盘。

二莫：一是穿着拖鞋莫开车。不少车主喜欢夏日里穿着拖鞋开车，特别是女士喜欢穿时尚、漂亮的凉拖开车，其实这是很危险的。二是开着空调莫睡觉。在车内空间密不透风的情况下，如果在车辆停止状态下长时间开空调，易引起窒息中毒事故。

10.寒潮和暴雪

知识窗

寒潮是指来自高纬度地区的寒冷空气，在特定的天气形势下，迅速加强并向中低纬度地区侵入，造成沿途地区剧烈降温、大风和雨雪天气的过程。

暴雪是指24小时内降雪量(融化成水)大于或等于10毫米，且降雪持续，对交通或者农牧业有较大影响的一种灾害性天气。主要是因为降雪过多、积雪过厚和雪层维持时间过长而造成灾害，因此也称雪灾，我国新疆、内蒙古草原牧区又称之为"白灾"。

避险要点

(1)施工人员要采取防寒措施，特别是注意手、脸的保暖。

(2)露天作业采取防冻和防滑措施：

● 及时清理施工道路、脚手架等处的积雪、结冰。

● 斜跑道上要有可靠的防滑条。

● 脚手架、扶梯、作业平台等作业场地如有微冻又需工作的话，必须铺设防滑材料，如沙子、锯末、草袋等。

● 各种起重设备须有完善的制动装置，吊具、绳索保持清洁

预警信息获取电话：12121 96121

23

无霜，捆扎设备也应采取防滑措施。

● 注意露天使用和存放的机械设备，特别是对现场水源（给水管、临时水塔及其他盛水器具）和消防设备的保温防冻。

(3)临建房屋（如工棚）如果不牢固，或属危旧，应马上撤出。

(4)加固易受风雪影响的搭建物，如脚手架、塔吊等。

(5)妥善安置易受风雪影响的室外物品，特别是要盖好建筑材料。

(6)在施工现场，要远离脚手架、塔吊、广告牌、大树等。

(7)停放车辆要远离大树、脚手架、塔吊、广告牌等。

(8)各种车辆注意水箱防冻处理，严禁使用明火烤油箱。

特别提示

(1)特别注意夜间的暴雪，提防不牢工棚倒塌伤人。

(2)提防煤气中毒，尤其是对采用煤炉取暖的工棚。

(3)能见度在50米以内时，机动车最高行驶速度不得超过每小时30千米，并保持车距。

(4)如被积雪围困，要尽快发出求救信号。

(5)出现冻伤，千万不要用热水泡或用火烤。

冰雪天气驾车应急要点

(1)如无特殊需要，尽量减少驾车外出。

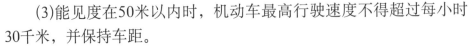

(2)机动车应安装防滑链，司机佩戴有色眼镜。

(3)行驶时可打开近光灯，必要时打开雾灯。

(4)应慢速行驶，并与前车保持安全距离，避免急刹车。

(5)车辆转弯时要提前减速，避免急转，以防侧滑。

(6)路过桥下、屋檐等处时，要迅速通过或绕道通过。

(7)司机要听从交通民警指挥，服从交通疏导安排。

(8)发生交通事故后，应在现场后方足够距离设置警示标志。

11.道路结冰

知识窗

　　道路结冰是道路上因地面温度过低(低于0℃)出现的积雪或结冰现象。出现道路结冰时，由于车轮与路面摩擦作用大大减弱，容易打滑，刹不住车，易造成交通事故。施工现场如有结冰，施工人员容易滑倒，造成摔伤。

避险要点

(1)及时铲除施工现场及内部道路上的结冰。

(2)施工人员要注意防寒保暖，当心路滑跌倒。

(3)开机动车要采取防滑措施，慢速行驶，不要猛踩刹车或急转弯，一定要服从交通民警的指挥疏导。

12.火灾

知识窗

　　当着火失去控制而造成财产损失和人员伤亡等灾难性事件时，就称为火灾。火灾的形成，自然原因有雷击起火、自燃起火；人为原因如使用明火不慎、使用燃气或电器不当等。

避险要点

(1)熟悉与火灾有关的安全标志。

(2)管好施工现场容易着火的物品，如木料、煤气、电器等。

(3)施工现场及临时工棚内严禁用明火取暖。

(4)严禁自行乱拉电线；配电箱远离火源；施工现场严禁使用裸线。

(5)配齐各种防火、灭火器材，平时要进行演练。

(6)在雷电、大风等灾害性天气发生时，要及时关闭电源、煤气等。

(7)发现火情，及时拨打"119"火警电话。

特别提示

(1)判明火情，正确选择逃生路线，迅速脱离火场。

(2)不可贪恋财物而在室内滞留。

(3)要用湿毛巾捂严口鼻，匍匐前行。

(4)不可乘电梯，不可盲目从脚手架上跳下，不宜慌乱躲避。

(5)在施工现场，不要乱挤乱跑，撤离要遵守秩序。

五、现场应急抢救要领

气象灾害发生以后（包括灾害期间），对由灾害给人体造成的伤害，应该马上进行自救和互救，这里给出的是一些常见伤害现场的急救要领。

1.中暑

(1) 立即将中暑者从施工现场高温环境转移至阴凉处，敞开衣服，头部冷敷或冷水擦澡。

(2)喝些淡盐水或清凉饮料,可服用仁丹或十滴水。

(3)对呼吸困难者,及时进行人工呼吸,并立刻送医院。

2.雷击烧伤

(1)如衣服着火,可往伤者身上泼水,或者用厚外衣、毯子把伤者裹住以扑灭火焰。伤者切勿因惊慌而奔跑,可在地上翻滚以扑灭火焰,或趴在有水的洼地、池中熄灭火焰。

(2)全面检查遭受雷击者有无合并伤情。特别是对呼吸心跳停止者,应先做心肺复苏抢救生命,再处理烧伤创面。

(3)用冷水冷却伤处,然后盖上敷料,例如用折好的手帕清洁一面盖在伤口上,再用干净布块包扎。若无敷料,可用清洁的布、衣服等裹住伤者并转送医院。

(4)送医过程中要保持伤者呼吸道通畅,减少途中颠簸。

3.雷击"假死"

被雷击中的受伤者,常常会发生心脏突然停跳、呼吸突然停止的现象,这实际上是一种雷击"假死"现象。要立即组织现场抢救,使受伤者平躺在地,进行人工呼吸,同时要做心外按摩。同时立即呼叫急救中心,由专业人员对受伤者进行有效的处置和抢救。常用的是口对口(鼻)人工呼吸法、胸外心脏挤压法。

人工呼吸注意事项

(1)取出口内异物，清除分泌物，保持气管通畅。

(2)挤压力要合适，切勿过猛。

(3)挤压与放松时间大致相等，且挤压与人工呼吸次数成比例，成人为15:2，儿童为5:1。

4.溺水

溺水自救

被洪水卷入后，应保持镇静，尽快寻找、抓住一件漂浮物，以助漂浮。

溺水救助

(1)抢救人员如不会游泳，不可强行下水救人，应留在岸上，可用救生圈、竹竿等在岸上援助落水者。

(2)如溺水者已无呼吸，即使在水中也要进行口对口人工呼吸，尽量使溺水者的口鼻露出水面。

(3)将溺水者抬出水面后，平放地上，立即清除其口、鼻腔内的水、泥及污物，用纱布（手帕）裹着手指将溺水者舌头拉出口外，解开衣扣、领口，以保持呼吸道通畅。

(4)抱起伤员的腰腹部，使其脚朝上、头下垂进行倒水。或急救者取半跪位，将伤员的腹部放在急救者腿上，使其头部下垂，并用手平压背部进行倒水。

(5)检查呼吸和脉搏。对呼吸停止者，应立即进行人工呼吸。对心跳停止者，应先进行胸外心脏按摩。

应急避险　报警求助电话：110 119 120

(6)给溺水者保温，如溺水者清醒，可给予热的饮料。

(7)尽快呼叫"120"，用救护车送医院治疗。

5.建筑物倒塌引起的窒息

(1)立即清除口、鼻、咽喉内的泥土及痰、血等。

(2)对昏迷的伤员，应将其放平，头后仰，将舌头牵出，尽量保持呼吸道的畅通，或进行人工呼吸。

(3)如有外伤，应采取止血、包扎、固定等方法处理。

(4)在上述处理后马上转送急救站或就近医院。

6.煤气中毒

在初冬至初春期间，当气温较低且一天当中变化不大，风很小或者无风，有浓雾或者连绵阴雨天时，特别是当出现逆温时，烟筒中一氧化碳向外溢出会受阻变慢，有时甚至出现烟气倒灌的现象，这时如果工棚门窗关得太严实，煤炉封火不严，或者烟筒有破缝，就容易发生煤气中毒。

急救措施

(1)尽快让中毒者离开中毒环境，并立即打开门窗，流通空气。

(2)中毒者应安静休息，避免活动后加重心肺负担及增加氧消耗量。

(3)对有自主呼吸的中毒者，应充分给予氧气吸入。

(4)对昏迷不醒的严重中毒者，应在通知急救中心后就地及时进行体外心脏按压和人工呼吸。若患者嘴里有异物，应先取出。

预警信息获取电话：12121 96121

(5)争取尽早对患者进行高压氧舱治疗，以减少后遗症。

特别提示

(1)发现煤气中毒后，注意保暖，不能受冻，迅速呼叫"120"。

(2)在炉边放盆清水不能预防煤气中毒，关键是门窗不要关得太严，要保持烟筒通气良好。

(3)煤气中毒者苏醒后，必须经医院的系统检查治疗后方可出院，重度中毒者需一两年才能完全治愈。

(4)特别提防夜间出现煤气中毒事件。

7.骨折

(1)**骨折伤员的伤情判断**：根据伤员的外伤史、生命体征变化和受伤部位简单而迅速地做出伤情判断。

(2)**初步的复苏措施**：若伤员心跳、呼吸停止，应立即就地实施心肺复苏，并注意伤员的保暖，保证呼吸道的通畅，应避免过多搬动伤员。

(3)**止血和伤口包扎**：一般情况下，压迫包扎后即可止血，尽量用比较清洁的布类包扎伤口。

(4)**伤肢妥善固定**：应当迅速使用夹板固定患处。固定材料可就地取材，树枝、木棍、木板等都适于作夹板之用。在缺乏外固定材料时也可以进行临时性的自体固定，如将受伤的上肢缚于上身躯干，或将伤肢同健肢缚于一起固定。

(5)**迅速送达就近医院**：骨折伤员须经妥善固定后再送往医院，运送途中应有医护人员密切观察和陪同。特别注意脊柱骨折时的搬运方式和姿势。一切动作要求谨慎、稳妥和轻柔。

8.外伤出血

（1）**指压止血法**：在伤口的上方，即近心端，找到跳动的血管，用手指紧紧压住。与此同时，应准备材料换用其他止血方法。采用此法，救护人必须熟悉各部位血管出血的压迫点。

（2）**加压包扎止血法**：用消毒的纱布、棉花做成软垫放在伤口上，再用力加以包扎。

如果出血不止，在出血很多的情况下，应采取指压动脉止血法，并赶快找医生或立即送往医院。

9.冻伤

（1）迅速离开低温现场和冰冻物体，将患者移至室内。

（2）如果衣服与人体冻结，应用温水融化后再脱去衣服。

（3）保持冻伤部位清洁，同时轻柔地按摩或经常用棉球蘸酒精轻轻揉擦，外涂冻伤膏。应注意，冻伤部位不要用热水泡或用火烤。

（4）加盖衣物、毛毯以保温。

（5）尽快转送医院。

10.尘土入眼

（1）**自我解决**：立即把眼睛闭起来，稍低头，再眨动眼皮，让沙尘随泪水冲到眼角而流出。

预警信息获取电话：12121 96121

（2）**求助他人**：如果眼泪无法将尘土冲出，可求助他人。

● 救助者先用肥皂和清水洗手，然后检查伤者的眼睛。

● 翻转上眼皮，用消毒棉签或干净手绢叠出一个棱角轻轻拭出异物，并及时点几次抗生素眼药水，以防感染。

● 如果尘土仍没有除去，可用杯、瓶等容器将温水倒入睁开的眼睛，以冲走异物。

（3）**求助医院**：如果上述方法仍未奏效，切勿再尝试处理，需及时前往医院进行救治。

● 用清洁物品如纱布、手帕轻轻盖住受伤的眼睛。

● 在运送途中，最好使伤者保持仰卧，如有可能，应使用担架。

● 注意安慰伤者，勿让伤者揉眼或用力挤眼。

11.灾后防疫工作要点

（1）管好饮食，喝开水、吃熟食。

（2）及时清理灾后垃圾。

（3）配合有关部门做好环境消毒和灭蝇、灭蚊、灭鼠工作。

（4）保持环境卫生，严防疾病发生和流行。

（5）一旦出现疫情，马上隔离，进行消毒，并积极组织治疗。

应急避险 报警求助电话：110 119 120

附录一　公共气象服务天气图形符号

序号	黑白符号	彩色符号	名称	名称（英文）	说明
1			晴（白天）	sunny	适用于白天时间段晴的表示以及不区分白天、夜晚时间段时晴的表示
2			晴（夜晚）	sunny at night	适用于夜晚的晴
3			多云（白天）	cloudy	适用于白天的多云以及不区分白天、夜晚时间段时多云的表示
4			多云（夜晚）	cloudy at night	适用于夜晚的多云
5			阴天	overcast	
6			小雨	light rain	
7			中雨	moderate rain	
8			大雨	heavy rain	
9			暴雨	torrential rain	适用于暴雨及暴雨以上降雨
10			阵雨	shower	
11			雷阵雨	thunder shower	

预警信息获取电话：12121 96121

12			雷电	lightning	
13			冰雹	hail	
14			轻雾	light fog	
15			雾	fog	
16			浓雾	severe fog	
17			霾	haze	
18			雨夹雪	sleet	
19			小雪	light snow	
20			中雪	moderate snow	
21			大雪	heavy snow	
22			暴雪	torrential snow	适用于暴雪以及暴雪以上降雪
23			冻雨	freezing rain	
24			霜冻	frost	

25	F	F	4级风	4-force wind	
26	F	F	5级风	5-force wind	
27	F	F	6级风	6-force wind	
28	F	F	7级风	7-force wind	
29	F	F	8级风	8-force wind	
30	F	F	9级风	9-force wind	
31	F	F	10级风	10-force wind	
32	F	F	11级风	11-force wind	
33	F	F	12级及以上风	12-force wind	适用于12级及12级以上风
34	🌀	🌀	台风	tropical cyclone	适用于热带气旋各等级(含热带低压、热带风暴、强热带风暴、台风、强台风、超强台风)
35	S	S	浮尘	floating dust	
36	S	S	扬沙	dust blowing	
37	S	S	沙尘暴	sandstorm/duststorm	适用于沙尘暴、强沙尘暴、特强沙尘暴

预警信息获取电话：12121 96121

附录二　气象灾害预警信号

一、台风预警信号

台风预警信号分四级，分别以蓝色、黄色、橙色和红色表示。

（一）台风蓝色预警信号

24小时内可能或者已经受热带气旋影响，沿海或者陆地平均风力达6级以上，或者阵风8级以上并可能持续。

24小时内可能或者已经受热带气旋影响，沿海或者陆地平均风力达8级以上，或者阵风10级以上并可能持续。

（三）台风橙色预警信号

12小时内可能或者已经受热带气旋影响，沿海或者陆地平均风力达10级以上，或者阵风12级以上并可能持续。

（四）台风红色预警信号

6小时内可能或者已经受热带气旋影响，沿海或者陆地平均风力达12级以上，或者阵风达14级以上并可能持续。

二、暴雨预警信号

暴雨预警信号分四级，分别以蓝色、黄色、橙色、红色表示。

（一）暴雨蓝色预警信号

12小时内降雨量将达50毫米以上，或者已达50毫米以上且降雨可能持续。

6小时内降雨量将达50毫米以上，或者已达50毫米以上且降雨可能持续。

(三)暴雨橙色预警信号

3小时内降雨量将达50毫米以上，或者已达50毫米以上且降雨可能持续。

(四)暴雨红色预警信号

3小时内降雨量将达100毫米以上，或者已达100毫米以上且降雨可能持续。

三、暴雪预警信号

暴雪预警信号分四级，分别以蓝色、黄色、橙色、红色表示。

(一)暴雪蓝色预警信号

12小时内降雪量将达4毫米以上，或者已达4毫米以上且降雪持续，可能对交通或者农牧业有影响。

12小时内降雪量将达6毫米以上，或者已达6毫米以上且降雪持续，可能对交通或者农牧业有影响。

(三)暴雪橙色预警信号

6小时内降雪量将达10毫米以上，或者已达10毫米以上且降雪持续，可能或者已经对交通或者农牧业有较大影响。

(四)暴雪红色预警信号

6小时内降雪量将达15毫米以上，或者已达15毫米以上且降雪持续，可能或者已经对交通或者农牧业有较大影响。

预警信息获取电话：12121 96121

四、寒潮预警信号

寒潮预警信号分四级，分别以蓝色、黄色、橙色、红色表示。

(一)寒潮蓝色预警信号

48小时内最低气温将要下降8℃以上，最低气温小于等于4℃，陆地平均风力可达5级以上；或者已经下降8℃以上，最低气温小于等于4℃，平均风力达5级以上，并可能持续。

(二)寒潮黄色预警信号

24小时内最低气温将要下降10℃以上，最低气温小于等于4℃，陆地平均风力可达6级以上；或者已经下降10℃以上，最低气温小于等于4℃，平均风力达6级以上，并可能持续。

(三)寒潮橙色预警信号

24小时内最低气温将要下降12℃以上，最低气温小于等于0℃，陆地平均风力可达6级以上；或者已经下降12℃以上，最低气温小于等于0℃，平均风力达6级以上，并可能持续。

(四)寒潮红色预警信号

24小时内最低气温将要下降16℃以上，最低气温小于等于0℃，陆地平均风力可达6级以上；或者已经下降16℃以上，最低气温小于等于0℃，平均风力达6级以上，并可能持续。

五、大风预警信号

大风（除台风外）预警信号分四级，分别以蓝色、黄色、橙色、红色表示。

（一）大风蓝色预警信号

24小时内可能受大风影响，平均风力可达6级以上，或者阵风7级以上；或者已经受大风影响，平均风力为6~7级，或者阵风7~8级并可能持续。

12小时内可能受大风影响，平均风力可达8级以上，或者阵风9级以上；或者已经受大风影响，平均风力为8~9级，或者阵风9~10级并可能持续。

（三）大风橙色预警信号

6小时内可能受大风影响，平均风力可达10级以上，或者阵风11级以上；或者已经受大风影响，平均风力为10~11级，或者阵风11~12级并可能持续。

（四）大风红色预警信号

6小时内可能受大风影响，平均风力可达12级以上，或者阵风13级以上；或者已经受大风影响，平均风力为12级以上，或者阵风13级以上并可能持续。

六、沙尘暴预警信号

沙尘暴预警信号分三级，分别以黄色、橙色、红色表示。

12小时内可能出现沙尘暴天气（能见度小于1000米），或者已经出现沙尘暴天气并可能持续。

（二）沙尘暴橙色预警信号

6小时内可能出现强沙尘暴天气（能见度小于500米），或者已经出现强沙尘暴天气并可能持续。

预警信息获取电话：12121 96121

（三）沙尘暴红色预警信号

　　6小时内可能出现特强沙尘暴天气（能见度小于50米），或者已经出现特强沙尘暴天气并可能持续。

七、高温预警信号

　　高温预警信号分三级，分别以黄色、橙色、红色表示。

　　连续三天日最高气温将在35℃以上。

（二）高温橙色预警信号

　　24小时内最高气温将升至37℃以上。

（三）高温红色预警信号

　　24小时内最高气温将升至40℃以上。

八、干旱预警信号

　　干旱预警信号分二级，分别以橙色、红色表示。干旱指标等级划分，以国家标准《气象干旱等级》（GB/T 20481-2006）中的综合气象干旱指数为标准。

（一）干旱橙色预警信号

　　预计未来一周综合气象干旱指数达到重旱（气象干旱为25～50年一遇），或者某一县（区）有40%以上的农作物受旱。

（二）干旱红色预警信号

　　预计未来一周综合气象干旱指数达到特旱（气象干旱为50年以上一遇），或者某一县（区）有60%以上的农作物受旱。

九、雷电预警信号

雷电预警信号分三级, 分别以黄色、橙色、红色表示。

6小时内可能发生雷电活动, 可能会造成雷电灾害事故。

(二)雷电橙色预警信号

2小时内发生雷电活动的可能性很大, 或者已经受雷电活动影响, 且可能持续, 出现雷电灾害事故的可能性比较大。

(三)雷电红色预警信号

2小时内发生雷电活动的可能性非常大, 或者已经有强烈的雷电活动发生, 且可能持续, 出现雷电灾害事故的可能性非常大。

十、冰雹预警信号

冰雹预警信号分二级, 分别以橙色、红色表示。

(一)冰雹橙色预警信号

6小时内可能出现冰雹天气, 并可能造成雹灾。

(二)冰雹红色预警信号

2小时内出现冰雹可能性极大, 并可能造成重雹灾。

十一、霜冻预警信号

霜冻预警信号分三级, 分别以蓝色、黄色、橙色表示。

预警信息获取电话: 12121 96121

（一）霜冻蓝色预警信号

48小时内地面最低温度将要下降到0℃以下，对农业将产生影响，或者已经降到0℃以下，对农业已经产生影响，并可能持续。

（二）霜冻黄色预警信号

24小时内地面最低温度将要下降到零下3℃以下，对农业将产生严重影响，或者已经降到零下3℃以下，对农业已经产生严重影响，并可能持续。

（三）霜冻橙色预警信号

24小时内地面最低温度将要下降到零下5℃以下，对农业将产生严重影响，或者已经降到零下5℃以下，对农业已经产生严重影响，并将持续。

十二、大雾预警信号

大雾预警信号分三级，分别以黄色、橙色、红色表示。

（一）大雾黄色预警信号

12小时内可能出现能见度小于500米的雾，或者已经出现能见度小于500米、大于等于200米的雾并将持续。

（二）大雾橙色预警信号

6小时内可能出现能见度小于200米的雾，或者已经出现能见度小于200米、大于等于50米的雾并将持续。

（三）大雾红色预警信号

2小时内可能出现能见度小于50米的雾，或者已经出现能见度小于50米的雾并将持续。

十三、霾预警信号

霾预警信号分三级，分别以黄色、橙色、红色表示。分别对应预报等级用语的中度霾、重度霾和极重霾。

预计24小时内可能出现下列条件之一或实况已达到下列条件之一并可能持续：

1.能见度小于3000米且相对湿度小于等于80%。

2.能见度小于2000米且相对湿度大于80%，$PM_{2.5}$大于等于75微克/立方米且小于150微克/立方米。

3.$PM_{2.5}$大于等于150微克/立方米且小于500微克/立方米。

（二）霾橙色预警信号

预计24小时内可能出现下列条件之一或实况已达到下列条件之一并可能持续：

1.能见度小于2000米且相对湿度小于等于80%。

2.能见度小于1000米且相对湿度大于80%，$PM_{2.5}$大于等于150微克/立方米且小于500微克/立方米。

3.$PM_{2.5}$大于等于500微克/立方米且小于700微克/立方米。

（三）霾红色预警信号

预计24小时内可能出现下列条件之一或实况已达到下列条件之一并可能持续：

1.能见度小于1000米且相对湿度小于等于80%。

2.能见度小于1000米且相对湿度大于80%，$PM_{2.5}$大于等于500微克/立方米

预警信息获取电话：12121 96121

且小于700微克/立方米。

　　3.PM$_{2.5}$大于等于700微克/立方米。

十四、道路结冰预警信号

　　道路结冰预警信号分三级，分别以黄色、橙色、红色表示。

（一）道路结冰黄色预警信号

　　当路表温度低于0℃，出现降水，12小时内可能出现对交通有影响的道路结冰。

（二）道路结冰橙色预警信号

　　当路表温度低于0℃，出现降水，6小时内可能出现对交通有较大影响的道路结冰。

（三）道路结冰红色预警信号

　　当路表温度低于0℃，出现降水，2小时内可能出现或者已经出现对交通有很大影响的道路结冰。